EL PRINCIPIO DE LOS

leopardos BEBÉS

I0895305

MEG GREVE

CREATIVE EDUCATION • CREATIVE PAPERBACKS

CONT

ENIDO

SOY UN CACHORRO DE LEOPARDO.

Soy un leopardo bebé.

Mira mis manchas.
Me ayudan a esconderme entre las rocas y la hierba.

Nací en una madriguera con mi hermano y mi hermana.

Nuestra mamá nos esconde entre la hierba alta. Nos mueve de un lado a otro. Nos mantiene a salvo.

Me hago más grande. Tengo dientes afilados. Mis manchas se convierten en rosetas.

Me gusta jugar y saltar.

Aprender habilidades me ayuda a sobrevivir.

Puedo comer carne a los dos meses. Mi mamá me enseña a cazar.

¡También aprendo a trepar y a nadar!

HABLA Y ESCUCHA

¡IH-IH!

¿Puedes hablar
como un cachorro de leopardo?
Las leopardos bebés chillan y gruñen.

Escucha estos sonidos:

https://www.pbs.org/wnet/nature/files/2021/04/SoothingBabyLeopardsSocial.mp4?_=1

¡Ahora es tu turno!

PALABRAS RELACIONADAS CON LOS CACHORROS DE LEOPARDO

cazar: buscar y matar animales para comer

madriguera: hogar de los cachorros en un lugar seguro, como una cueva o bajo las raíces de un árbol

manchas: marcas o patrones en el pelaje de un animal

rosetas: marcas en forma de flor en el pelaje de un leopardo

ÍNDICE ALFABÉTICO

PUBLICADO POR CREATIVE EDUCATION Y CREATIVE PAPERBACKS
P.O. Box 227, Mankato, Minnesota 56002
Creative Education y Creative Paperbacks son sellos editoriales de The Creative Company
www.thecreativecompany.us

COPYRIGHT © 2025 CREATIVE EDUCATION, CREATIVE PAPERBACKS
Derechos de autor internacionales reservados en todos los países. Queda prohibida la reproducción total o parcial de este libro en cualquier forma sin el permiso por escrito del editor.

LIBRARY OF CONGRESS CATALOGING-IN-PUBLICATION DATA
Names: Greve, Meg, author.
Title: Leopardos bebés / Meg Greve.
Other titles: Baby leopards. Spanish
Description: Mankato, Minnesota : Creative Education and Creative Paperbacks, [2025] | Series: El principio de los | Includes index. | Audience: Ages 4-7 | Audience: Grades K-1 | Summary: "Introduce beginning readers to the stealthy world of baby leopards with this life science starter, in North American Spanish. Includes photos, a labeled animal diagram, "Make a Noise" section, and glossary"-- Provided by publisher.
Identifiers: LCCN 2024019446 (print) | LCCN 2024019447 (ebook) | ISBN 9781640264762 (library binding) | ISBN 9781682770146 (paperback) | ISBN 9781640005945 (ebook)
Subjects: LCSH: Leopard--Juvenile literature. | Leopard--Infancy--Juvenile literature.
Classification: LCC QL737.C23 G74818 2025 (print) | LCC QL737.C23 (ebook) | DDC 599.751392--dc23/eng/20240507

DISEÑO Y PRODUCCIÓN
Diseño por Rhea Magaro
Producción de Beeline Media and Design, Inc.
Dirección artística de Tom Morgan

FOTOGRAFÍAS de Alamy Stock Photo/MIKE WALKER, 6, imageBROKER/Paul Sawer, 10; Shutterstock/ Cal Butler, 8, Eric Isselee, cover, 2, 4, 5, 11, 12, 14, Maggy Meyer, 9, Ondrej Prosicky, 7

Impreso en China